总策划　周武红　蓝树东
总撰稿　骆汉城　蓝树东
主　编　骆汉城

一个古海之洋和天堑之险不分彼此，
暗河汹涌，曲折变幻，不见首尾。
也许是过于的奇险，得以留住了远古的风貌。
也许是过于的偏远，难再寻觅它历史的昨天。

中国社会科学出版社

乐业洞天

——记世界地质公园百色乐业大石围天坑群

仁者乐山，智者乐水，仁智者乐业。

这是一个世界上绝无仅有的地方。峰峦叠翠之中几十处由悬崖峭壁环绕的天坑，仰天“长啸”。

这是一个梦幻与神奇同在，仙境与现实共存的地方。

一个古海之洋和天堑之险不分彼此，暗河汹涌，曲折变幻，不见首尾。溶洞万千，神秘莫测，难分高下的所在。

也许是过于的奇险，得以留住了远古的风貌。

也许是过于的偏远，难再寻觅它历史的昨天。

正是这一切，吸引着无数国内外的专家、学者、新闻工作者，前仆后继到这里寻宝揭秘，科考探险。

2010年10月3日，联合国教科文组织世界地质公园评审大会上，“广西乐业—凤山地质公园”正式被列入世界地质公园网络名录，一举获得“广西乐业—凤山世界地质公园”称号。

一直以来人们都认为大石围天坑是一个人迹未至的地方，它的神秘、它的古老似乎都凝固在恐龙时代。地下世界似乎总是和冰冷幽暗联系在一起，大石围天坑群发现了诸多古人类活动的遗迹，无疑为神秘莫测的大石围天坑群增添了亮丽的暖色。

大石围天坑的悬崖峭壁可以说是奇险无比，很多超过90度的悬崖峭壁用现代的单绳技术都很难攀爬，在垂直几百米上不着天下不着地的山洞里安营扎寨更是不可想象；可恰恰就是在这种地方，我们发现了人类活动的遗迹。

我们的古人类就是从穴居逐渐走向今天的。长期生活在乐业这种环境里的人们，他们衣食住行都离不开悬崖峭壁。在崖壁上行走，徒手攀岩，自然是生活所迫或者说是生活必备的技能。因为我们在乐业大石围天坑群的考察已经不仅仅是中洞这一处，可以说考察队所到之处，多多少少都发现了古人类的痕迹。需要提及的是科考队在下到大石围天坑底部穿过那里的原始森林，到达最下面的那个溶洞口的时候，有一条明显人工用石头砌起来的石坝，这又是一些什么样的人？

所有这些都在告诉我们一个事实，那就是生活在乐业天坑群的古人类绝非等闲之辈，他们是技能超群的攀岩高手。如果说攀岩是当今一种最时尚的户外运动，那么自古以来在乐业天坑陡峭的绝壁之间行走的人们，就是攀岩运动的鼻祖。

乐业县县委县政府已作出决定，绝不建设和引进任何对大石围天坑群有污染的工业企业，要把乐业建成一个生态环境优美的新天地，一个名特优有机农产品生产基地和避暑、科考、探险、攀岩、休闲的户外旅游胜地，这将是乐业县在今后很长一段时期的发展方向。

目录
contents

骤然而起的浓雾让我们想起了一个久远的传说。在大石围天坑附近经常会看到一个白衣白袍的人影，时而在山间，时而又在天坑的底部。由于距离总是很远，当地人所能看到的只是一个白影，但是他在绿色的群山之间倏忽闪现的身影却非常醒目。

他就是大石围天坑的守护神。弥漫于天坑与群山之间的雾霭就是仙人飘逸的长发。

不是传说
胜似传说
EMS 25
乐业
LEYE

也许是过于的奇险，得以留住了远古的风貌。

也许是过于的偏远，难再寻觅它历史的昨天。

正是这一切，吸引着无数国内外的专家、学者、新闻工作者，前仆后继到这里寻宝揭秘，科考探险。

2010年10月3日，联合国教科文组织世界地质公园评审大会上，“广西乐业—凤山地质公园”正式被列入世界地质公园网络名录，一举获得“广西乐业—凤山世界地质公园”称号。

被誉为“世界天坑之都” 的乐业，位于广西西北部，地处云贵高原东南麓，东北与河池市天峨、凤山两县相邻，东南依凌云县，西南与田林接壤，西北与贵州省的册亨、望谟、罗甸三县隔红水河相望。县城距国家重点工程龙滩水电站160公里，距百色市168公里，距南宁市400公里，距贵阳市

乐业洞天
LEYE CAVE
世界地质公园百色
乐业大石围天坑群

370公里，是重庆、贵州经龙邦口岸（国家一类口岸）联系东盟国家最为便捷的通道之一。

2010年10月又一次大规模的中外联合深度科考探险在大石围天坑群展开。

中央电视台汇同中外科考专家继十年之后，几乎是原班人马再次齐聚乐业。

十年前，科考探险的直升机轰鸣着从乐业大石围天坑群上空掠过。五彩缤纷的热气球在天坑与群山之间盘旋。

下大石围那天，天气晴朗，万里无云。可是队员们分两路下降到大石围天坑一半的时候，突然从坑底腾起阵阵雾气，很快大雾弥漫，能见度不到5米。

骤然而起的浓雾让我们想起了一个久远的传说。在大石围天坑附近经常会看到一个身着洁白轻纱的人影，时而在山间，时而又在天坑的底部。由于距离遥远，当地人所能看到的只是一个白影，但是在绿色的群山之间倏忽闪现的身影却非常醒目。

他就是大石围天坑的守护神。弥漫于天坑与群山之间的雾霭就是仙人飘逸的长发。

关于大石围天坑守护神的传说并不止于乐业，其实在古代传说中早就有洞仙的说法。那时候人们把宇宙分为三界，上界也就是天上，是所谓的上帝或者是玉皇大帝的住所；而中界就是人间，那些神仙、皇帝之类的传说；再有下界，就是洞仙、地仙之类的了，这路神仙从位势上讲似乎不如上两界，但他们的能量从来都是不可小觑的。在东西方的传说中，都有所谓的地下世界的说法，总之，地下的世界总是让人感到神秘莫测，心怀畏惧。也许这是出自一种远古的记忆，可是关于地下的传说，更多的还是那种令人神往的情节。比如

凡尔纳的《地心游记》，还有数量众多的关于地下奇观的传说。而这些总是带有一种人类认识正在丰富的色彩。随着对自然界认识的加深，那个令人畏惧的地下世界变得越来越浪漫起来。

《西游记》里的各种妖精大部分都住在洞穴里，而且绝大多数都是世间难得一见的美女，按现在

的眼光看《西游记》里那几个绝色美女蜘蛛精所住的盘丝洞就是一个喀斯特地貌中的溶洞，她们每次进出总是自天而降，想想很可能就是一个不大不小的天坑啊。洞中有山有水，蜘蛛精和唐僧相遇的地方肯定在一条暗河旁。

我们科考队在天坑下面看到最多的动物恰恰就是蜘蛛，当我们在洞底安营扎寨的时候，尤其是在夜晚（当然，那里面就没有白昼，什么时候都是伸手不见五指）我们总会想象在我们周边活动的那些蜘蛛们不知道哪个突然就幻

化成美女，那带给我们的绝不是恐惧，一定是欢呼。

2010年，大石围天坑群上空再现遥控飞艇，轻轻地掀起了大石围神秘的面纱。

橙黄色的亮丽

十年前，中科院专家和英法两国探险家们深入天坑、暗河，发现一个又一个新物种……

十年前，中科院专家和英法两国探险家们深入天坑、暗河，发现一个又一个新物种……

十年后，中外科考探险队和中央电视台的记者们再下大石围有了新的重大发现。

距广西乐业不足两公里，就在一条公路旁的半山腰上，有一个溶洞，洞口赫然像一只半眯的眼睛，当地人把这种溶洞称之为"大地的眼睛"。从公路到溶洞口坡度很陡，我们科考队凭借周围的树木植被攀援而上，到达洞口才发现这相当于一个面积可容纳几百人的会堂，里面平整，深入百米后又有一个通往山另一侧的洞口，外面的光线透进来，使洞里的山石草木清

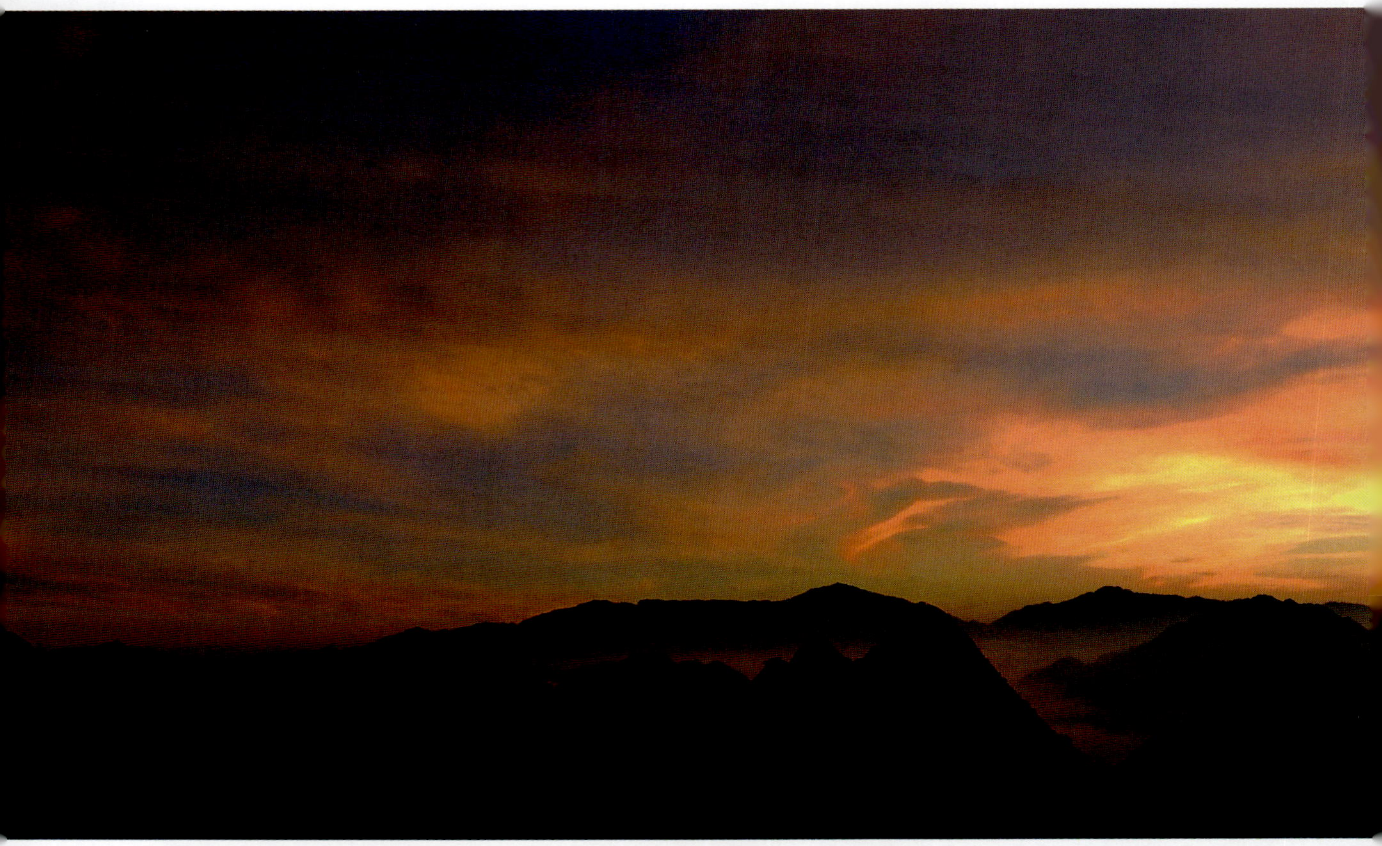

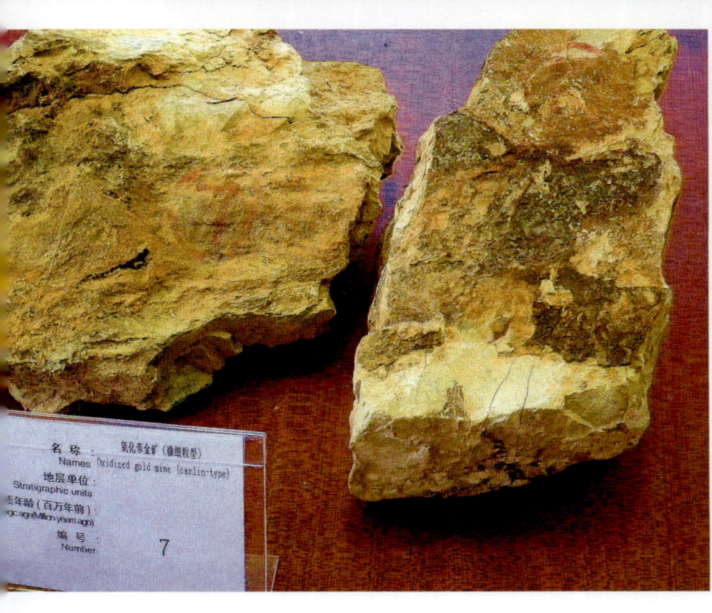

名 称：
Names
氧化带金矿（微细粒型）
Oxidized gold mine (carlin-type)
地层单位：
Stratigraphic units
编 号：
Number
7

名 称：
编 号：
9

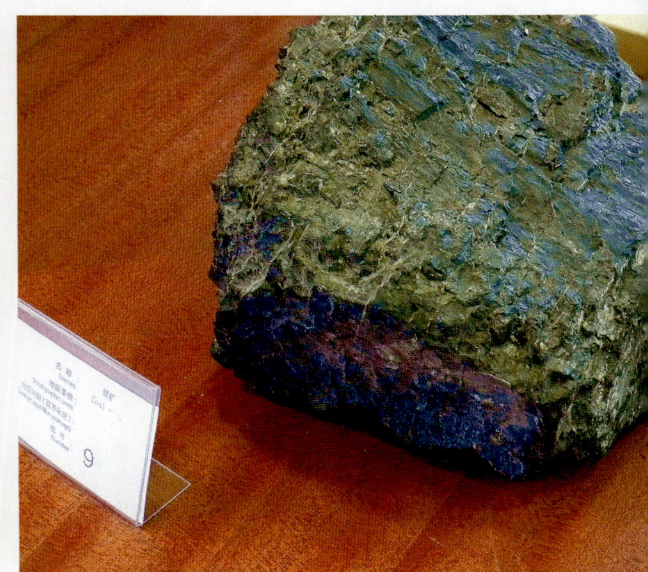

晰可见，有点像现在所谓南北通透的住房，绝对是人们理想的落脚之地，当地人称它为“牛坪洞”。在这个洞里，发现了大量的新石器时代古人类活动的遗迹。

我们科考队和考古专家在洞里没费多少周折就找到了许多新石器时期的器物，这种人类活动的遗迹有石头垒放的锅灶、砍砸器、用于研磨的石器，几乎是俯拾即是。这一发现让所有的人都非常兴奋，来自中国社会科学院考古研究所的专家对这些古人类的遗迹可以说是太熟悉不过了，他一边翻找各种各样的石器，一边给大家解说，一幅幅古人类在这里繁衍生息的情景画面在我们周边活跃起来。

经过初步考证，牛坪洞至少是从五千年以前延续至今都有人类活动的地方，科考队员在这里还发现了许多陶器碎片，最有意思的是一个队员居然捡到了一个完整的陶壶，它的形状和新石器时期的

陶器几乎没有什么区别，但是经专家初步的验证，认为这是一个距今最多也就是百十年的器物，在这个陶罐上还发现了一个“韦”字，当地的壮族姓韦的居多，而这个用来盛水的陶器似乎正暗合了另一个传说。那是当年乐业县是中央红七军和红八军会师的地方，据县志记载和当地文物工作者的考察，牛坪洞曾经是红军的宿营地。这让人们又想起了一个赫赫有名的人物——中国人民解放军上将韦国清。韦国清1929年加入了中国共产主义青年团，同年12月参加了著名的百色起义，被编入中国工农红军第七军。1930年，韦国清在红七军第十九师五十六团任排长，他完全可能就在牛坪洞里住过。

有关乐业大石围天坑群的传

说不仅仅是这些，史书记载，乐业县曾经是古夜郎国的属地。

据说在很久以前，湖北省西北部有一个自称为骆越的部族，他们不断地和来自北方的部族征战，最后终因寡不敌众被迫南迁，在他们部族里一直有一个传说，他们的祖先埋葬在太阳落下去的地方。因此他们一直沿着太阳下落的方向，自东向西迁徙，后来这个部族又被人们称作是“追逐太阳的民族”，很有点像远古夸父逐日的传说，也许他们才是真正的“夸父”一族。

还有一种传说，这支被称为骆越的部族在中原统治者的强势压力下，被迫南迁，离开了他们繁衍生息的珠江中下游流域，向上游的深山老林迁徙，并在红河上游建起一个叫夜郎的国家。

成语“夜郎自大”可谓家喻户晓，妇孺皆知，但是古夜郎国实际上并非成语中那样小，它的地域曾经横跨广西、贵州、云南、四川，甚至到达湖南湖北，完全可以称得上是一个泱泱大国。不过，骆越部族作为创建夜郎国的始祖，没有能够把国运维持长久，就像所有传说中的故事一样，忽然从地球上消失了。像这样突然消失的文明，在历史上并不鲜见，比如说美洲的玛雅文明、中亚地区的巴比伦文明、东亚地区的契丹王国，还有近年炒得沸沸扬扬的三星堆文明，都被说成是一夜之间忽然消失了，事实并不是这样。

所谓的骆越部族，最后到达的地方就是我们现在的乐业。他们在南盘江到布柳河之间的一片土地上驻扎下来，开荒种地。据史书记载他们自称是“逻耶（骆越）人”，这地方就被叫做“逻耶”。（清同治年间泗城知府朱腾伟在逻耶一带平乱，胜利后，便取“安居乐业”之意，将“逻耶”改为“乐业”。）此后这地方改名叫乐业。

乐业洞天
LEYE CAVE
世界地质公园百色
乐业大石围天坑群

科考队在牛坪洞

乐业洞天
LEYE CAVE
世界地质公园丛书
乐业大石围天坑群

EMS 25
乐业
LEYE
一直以来，人们都认为大石围天坑是一个人迹未至的地方，它的神秘、它的古老似乎都凝固在恐龙时代。地下世界似乎总是和冰冷幽暗联系在一起，大石围天坑群发现了那么多古人类活动的遗迹，无疑为神秘莫测的大石围天坑群增添了亮丽的暖色。

不是神话
胜似神话
EMS 25
乐业
LEYE

一直以来，人们都认为大石围天坑是一个人迹未至的地方，它的神秘、它的古老似乎都凝固在恐龙时代。地下世界似乎总是和冰冷幽暗联系在一起，大石围天坑群发现了诸多古人类活动的遗迹，无疑为神秘莫测的大石围天坑群增添了亮丽的暖色。

大石围天坑的悬崖峭壁可以说是奇险无比，很多超过90度的悬崖峭壁用现代的单绳技术都很难攀爬，在垂直几百米上不着天下不着地的山洞里安营扎寨更是不可想象；可恰恰就是在这种地方，我们发现了人类活动的遗迹。

在大石围天坑观景台一侧的北峰，酷似展翅翱翔的老鹰，特别是沿北峰顶向下到大石围天坑中部，一个凸出的岩壁就像老鹰的头部，可谓惟妙惟肖，老鹰的嘴和头部是两个上下结构的溶洞。尤其是老鹰的眼睛，也就是这个溶洞的洞口之间，生长着一株小树，远远看去就和老鹰眼睛里的瞳仁一样，随着一天的光线变换，老鹰的眼睛似乎也在转动。

2010年，我们中外科考探险队在下探大石围天坑之前，准备对它的周边进行考察，首先选中了大石围北峰状似老鹰头部的地方，这里的两个溶洞由于离崖顶较近，垂直距离大约50米到60米左右，专家推测这两个洞形成的年代很可能比大石围天坑底部早很多，因此那里也许会有意外的发现。

飞猫队

当我们的队员利用单绳技术下到第一个溶洞口的时候，发现这里是一个小动物的栖息地。在乐业县有一种动物叫鼯鼠，当地人称为“飞猫”，这种小动物身体的两侧长有像蹼状的东西，使得鼯鼠可以在很高的树林山岩之间滑翔，它的粪便是珍贵的中草药五灵脂。“灵脂”与“凝脂”二字谐音。李时珍释其名曰：“其粪名五灵脂者，谓状如凝脂而受五行之气也。”

鼯鼠形似蝙蝠。头宽，眼大而圆，背部毛呈灰黄褐色，腹部毛色较浅，前后肢之间有皮膜相连，其生活在长有松柏的峭壁石洞或石缝中。窝的形状如鸟巢。鼯鼠白天躲匿在窝内睡觉，清晨或夜间出来活动，善攀援，能滑翔。不少采药人在采五灵脂或其他药材时，绳索常被鼯鼠咬断而丧命，所以，采药人多把绳索染成红色来吓它们。

五灵脂性味甘温，无毒，入肝经，具有疏通血脉，散瘀止痛的功效；是妇科要药。主治血滞、经闭、腹痛；胸胁刺痛跌扑肿痛和蛇虫咬伤等症。

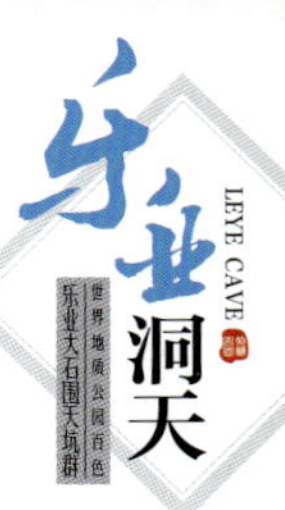
乐业洞天
LEYE CAVE
世界地质公园百色
乐业大石围天坑群

钟乳石

队员们在老鹰的眼睛，也就是当地人称之为老鹰嘴的溶洞里发现了大量的五灵脂，但是他们不是采药人，只能把这些珍贵的中药放到一边。进入溶洞，里面狭小，奇形怪状的钟乳石林林总总，犬牙交错，好像进入了一个怪兽的大嘴里。队员们艰难地向里面行进着，有些地方只能躺下侧身通过，这可不是让人容身的地方。也就是说，这里不会有人来，即便是有人想到这里，只是为了那些珍贵的药材。可是在古代，面对陡直的悬崖峭壁，如果没有单绳技术，想到达这里是根本不可能的。在这个溶洞里发现的大量五灵脂就已经很说明问题；这些药材有很多已经像石头一样坚硬，有着几十年甚至是上百年的历史了。

队员们考察完这个溶洞，决定再下到老鹰嘴部位的溶洞，这段距离有将近百米左右，它是一个坡度大于90度的绝壁，凭着现代的单绳技术，很难安全到达。我们的队员都是多年的攀岩高手，用了很长的时间才下降到洞口，发现凸出的岩壁下面居然是一个开阔的平台。只见靠着岩壁的一侧，有两根高达十多米的树干，在树干上，明显地有人工斧凿的凹口，凹口的距离平均相隔不到一尺。

这些凹口毫无疑问是用来攀岩的，也许这就是我们最古老的梯子，树干已经腐烂，轻轻一碰就会掉下一大块，刚才还言之凿凿地说人类决不可能到达这里的队员们个个目瞪口呆。更令人意想不到的是在这个平台的深处，有非常明显的用于支撑锅灶的石堆，按照它的大小足可以放上一口半米大的锅。事情还不止于此，靠着岩壁队员们还发现了状似椅子的石堆，正好可以容下一个人安坐，不过这个椅子应该是一张石质的太师椅。在这附近还有厚厚的草窝，虽然都已经干枯，但一个人躺下想来还挺舒服。

是什么人竟然在这里建造了一个安乐窝？他的头顶是那些飞来飞去的鼯鼠，他的脚下可谓万丈深渊。这位老兄不在家里好好呆着，竟然跑到这种绝地作窝，到底是想干什么？他又是凭借什么工具来到这个地方的?而这位高人又是何许人也?

我们的队员坐在那把石头堆成的太师椅上从洞中向外远望，发现这边风景独好，从凸出悬崖的岩壁向上看去，四壁高耸直插云端，俯视深探百丈大石围底部的原始森林，绿荫盎然雾气蒸腾，恍如驭驾凌空。置身洞中，风吹不到，雨淋不至。岩洞本身就很干燥，在它的深处却有淙淙水声。只是这位高人吃什么呢？实在匪夷所思。想来一定还有贮藏食物的地方。

我们决定再找一找，更令人意想不到的事情发生了；在距这个洞口不远的地方，我们找到了一个陷

到石壁里的石窝，四周的树木密密地掩盖，在这个石窝里，我们居然发现了一个金黄色的丝绸制的包裹。实在是太意外了！一个科考队员用树枝小心地把这个包裹挪到身边，包裹已经严重地风化了，经不住触动。树枝轻轻一碰就散开了，带着强烈的好奇心，队员们还是把包裹一点点地捣开，看似好好的包裹里面却空空如也，金黄色的包裹皮上面还有一些浸着鲜血似的红色，让人浮想联翩。

老鹰嘴的这一发现可以说是轰动性的，中央电视台播出以后，议论如潮，有人说，这是绝壁中的恐怖疑案，还有人说，这人肯定是得道的神仙，此乃神仙修行之地，也有些人认为，这是一种迷信行为，把一个黄色的包裹放在那里，可能是一种祭神的象征。为此，科考队还专门和当地的文物工作者、地质工作者开了一个研讨会。

大家热议最多的是什么人会到这个地方，他为什么要到这种地方来，他又是怎么来到这个地方的。

在乐业当地民间有一个探险

俱乐部又称飞猫队，这支飞猫队可谓开发乐业天坑群的功臣，他们都是当地的攀岩高手，身手极其不凡。在十年以前，我们科考队来到这里，为了能够下到大石围天坑底部可谓费尽周折，千辛万苦，最后还是在飞猫队员的前呼后拥保护之下才跌跌撞撞地完成了任务。

可是这些飞猫队员凭着一根绳索出入于大石围天坑底部，就像玩似的，几百米高的悬崖峭壁对于他们来说也就是一两个小时即可攀岩上下。当我们科考队的专家疲惫不堪地从天坑底部上来的时候，那种成就感恍如来世一般，大有“洞中方七日，世上已千年”之慨。可是对于这些飞猫队员来说，他们的神情非常平常，在他们身上背负着科考队最重的物资，他们的装备仅仅是一身山寨版的迷彩服，一双球鞋，一顶安全帽而已。

面对深不可测的悬崖，他们一天可以上下几次，这对于我们来说是完全不可想象的。就是这些飞猫队员，他们发现了大量新的天坑，也是他们最早到达一个个看似险峻无比的天坑底部，最早向科学工作者提供第一手资料。无论是中国还是外国的科考队，每次在天坑群的科考探险都离不开他们的配合。就是强悍神勇的“飞猫队”也无人敢夸口说，不用单绳技术就能在百丈悬崖间行走。

熊家西洞钟乳石奇景

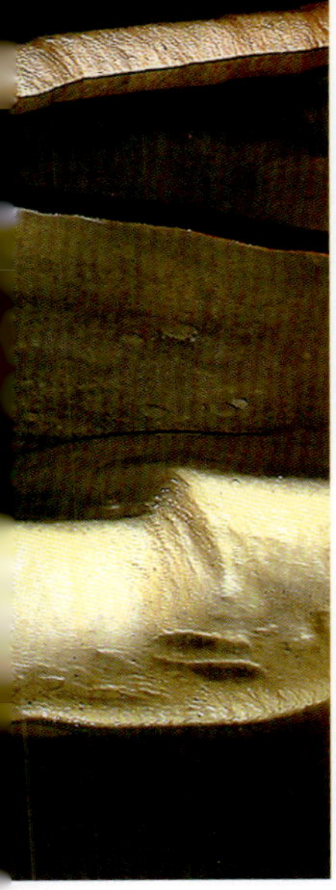

第一，到老鹰嘴栖身的究竟是什么样的人，第二，他是怎么到达这里的。答案似乎无解。

据县志记载，乐业县有一条通往贵州的山间要道，过去很多商贾也曾往来于此，但这条要道也是一条古代强人、土匪拦路抢劫的去处，不知道有多少人自古以来曾丧

关于那个金黄色的包裹，大多数人倾向于这可能是用来盛放贵重物品的，至于包裹里的东西都去了哪儿，很可能是早已被人取走。从发现的那处可以栖身的地方来看，这是一个可以较长时间居住的地方，也是这位“神人”经常往来的地方。在过去，如果要想存放一点珍贵的物品，没有比这里更合适的了，因为即便是在古代，能够在如此陡峭的岩壁上下行走的人肯定寥寥无几，一个金黄色绸缎质地的包裹，如果不是用来包裹贵重物品是有点说不过去。最后大家的意见还是集中在两个问题上：

身丧财于此。也从另一个角度说，这些天坑的山岩、峭壁、洞穴很可能是一个最好的藏宝去处。

奇特而险峻的天坑群，造就了广西乐业迷人的风光，也使得它的很多地方至今人迹罕至，但是这种地方也是最理想的避难所。

乐业自古以来在它的深山老林里，常常生活着一些来自远地他乡的人，他们有的是为了躲避战乱，有的则是避祸出逃，他们中有很多人据说出自中原的豪门望族，早在秦晋时期，这里就成了他们的世外桃园，在这里至今还生活着一个神秘的族群。他们称自己为“高山汉族”。

飞猫队在马蜂中洞准备下降至天坑底部

什么时候从内地来到这里，已经记不清了。他们的山寨一般都选择在山势险峻易守难攻的地方，其中有一支据说是来自古代楚地的吴姓。上古时已有吴姓。一是舜的后代有封在虞的，因"虞"与"吴"音相近，故舜后有吴姓。一是颛顼帝时有吴权，其后亦有吴氏。

春秋时，出现了吴王阖闾，吴王夫差等著名国君；构成了当今吴姓的绝大部分。吴国被越国所灭

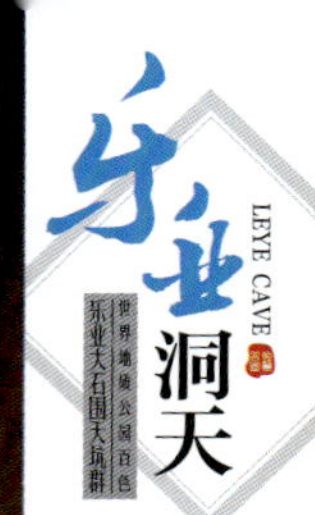

后，其子孙便以国为氏，称吴氏。还有少数民族与汉族融合，产生吴姓。锡伯族、柯尔克孜族、朝鲜族、赫哲族等均有为吴姓者。

来到乐业的汉族中最有趣的是，一个叫母里的小山庄，让这个山庄远近闻名的是这里奇特的民风民俗：世代一直沿袭女人当家，家里家外，无论大事小情，全是女人说了算，女主外，男主内，女人当家作主，这在现代社会并不少见，但是如果把它放到一个偏远的山村里，而且整个山村全部遵从这样一种习俗，世代不变，就很值得研究了，民间有一种对男到女家入赘的称谓是“倒插门”。既然是“倒插门”，男人的权力肯定是大打折扣，乐业的这一支高山汉族也遵从了这一种风俗，母里是乐业县马庄乡卡伦村13个自然屯中，屈指可数的汉族自然屯之一，距乐业县城35公里。该屯地处石灰岩山区，但四周生态完好。而长期以来，让这个屯远近闻名的是，这里奇特的民风民俗：世代一直沿袭女人当家，家里家外，无论大事小事，全是女人说了算，活生生地保留着远古时代的母系氏族的主要特征，十分令人神往。在这里，女人说一不二，男人言听计从。即便是从别的村屯嫁到母里的女人，天长日久，也入乡随俗，当家作主。女人们都是颇有心计，说话算话，泼泼辣辣的“管家婆”。犁田耙地，赶马驮货，由女人承担；收钱记账，理财持家，由女人负责，男人将自己所有收入悉数交由女人保管，不留分毫。平时，要是谁家来了客人，女

人们闻风而动，相约上门去捧场，陪客人聊天、吃饭、喝酒、抽烟、唱山歌，男人们则一边背小孩，一边烧火，杀鸡宰鸭，端酒送菜，一直忙至散席；要是客人不了解这里的风俗，只向男人递烟，而不给女主人，就可能被晾在一边，女主人不发话，就得饿肚子。如谁家男人想隐瞒收入，或沾上好吃懒做的习气，全屯女人都集中到家里评理，限期改正。邻里因小事发生摩擦，闹纠纷，也是女人出面评判对错。

尽管是女人说了算，但这里的女人们也不是颐指气使，全屯家庭仍十分和睦，母里这一奇特的习俗，在乐业县已家喻户晓，有专家称这是一种亚母系氏族的文化现象。

一个以男性父权为主的汉族文化，到这里怎么就变成了亚母系氏族，难道文明也会出现返祖现象？这实在是一个非常有意思的问题。

在天坑群发现众多的古人类生活遗迹，可以视为这次考古中最重要的发现，它的意义不仅仅标志着乐业也是一个人类文明的起源地，同时也说明最早的攀岩高手出自乐业。

不是飞侠
胜似飞侠
EMS 25
乐业
LEYE

考古专家在天坑中洞发现制造火药的芒硝

2010年10月，中外科考队开始再次进入大石围天坑展开深度科考探险。当科考队员从天坑顶下降两百米以后到达了一个叫中洞的地方，科考队把这里作为进一步下探大石围天坑的中间站，一个重大的发现止住了科考队员继续下探大石围的脚步。这是一个高达几十米的巨型山洞，倒挂的以及地面上凸起钟乳石和其他溶洞里的不一样，在这些钟乳石上都有一层厚厚的绿壳。当地的飞猫探险队员告诉我们这是从钟乳石中泛出的芒硝。芒硝是一种重要的制作火药的原料之一，接下来的事情就更有意思了，科考队里的考古专家、中国社会科学院考古研究所的巫新华叫大家停下来在洞里找一找，看看有没有什么和人类活动有关的器物。很快大家就找到了例如水槽、锅灶，还有一些用来悬吊重物的挂钩，尽管这些挂钩已经开始腐朽，但一眼看去没有人能够怀疑它的功用，特别是在那些用来取水的水槽里还有散落的竹子碎片。新的发现不断出现，队员们又找到了很多

陶器碎片，有是用来盛水的，有则是用来做饭的，最明显的是还发现了一些类似宋代官窑的陶瓷碎片。这些东西是怎么到这里来的？实在匪夷所思。在中洞更深的地方，科考队进一步发现了用来贮藏物品的仓库，完全是人工用石块堆起来的，一道道整齐的高墙还有用来放置熬硝大锅的灶台。按照专家的推测，这个中洞已经不是一两个所谓高来高去的飞人容身的地方了，从整个布局上看，这里曾经是一个

坑顶部的“高速公路”。

在广西山区，一直就有用芒硝制作火药的历史，但那都是一些非常小的个体行为，据说这些芒硝可以当作肥料，但是在乐业大石围天坑中洞里发现的制硝作坊就非同一般了。从它的规模和产量上看，这里提取的芒硝如果制造成火药完全可以武装一个近百人的民团。中洞里制作火药的目的非常明显，类似土匪或是山寨的武装民团都非常需要。还有一种说法就是当地一直有打猎的习俗，那些猎人们也很有规模地熬制芒硝的作坊。用现在的话说，就是一个小有规模的古代兵工厂，因为整个作坊的布局是需要几十个人协同进行的。细心的科考队在这个中洞的洞口处发现了一个已经完全枯死的古树躯干，它的走向是从洞口向上面的岩壁而去的，很可能这棵古树就是一条从大石围天坑底部到中洞的通道，这条通道一直延伸到了洞里。这是一条碎石铺就的小路，按照考古专家的说法，这是一条从兵工厂通往天

是大量火药的需求者，可是作为个体来说，他们根本就不具备这样的生产能力。

从大石围天坑中洞初步考察的情况来看，能够支撑在这种险恶崎岖的地方生产火药所需的人力、物力、资金在当地都应该是数一数二的。在中洞发现的各种人类生产遗迹上看，它的历史可以从宋代一直延续到清末。这么长时期的生产也不是一家两家甚至是一代两代人能够完成的。

作为中国四大发明之一的火药，距今已有一千多年了。火药的研制始于古代炼丹术。中国是最早发明火药的国家，隋代诞生了硝石、硫磺和木炭三元体系火药。黑色火

药在晚唐时候正式出现。火药是由古代炼丹家发明的,从战国至汉初,帝王贵族们沉醉于神仙长生不老的幻想，驱使一些方士道士炼“仙丹”，在炼制过程中逐渐发明了火药的配方。

科考队和文物工作者们认为如果大石围中洞里制作火药的年代很早，那么就能和当地崇尚的一种古代巫术或者说是一种与道教有关的宗教联系起来。换句话说，中洞就成为一个神仙修行炼丹的地方。简言之，神府洞天。

但很快大家就否定了这种看法，因为从中洞初步的考察发现这座“神府洞天”里人数众多，布局完全是一种提取和制作芒硝的工业作坊，如果有位仙人在这里修行，

肯定不堪周边的劳作生产。既然是仙人，那一定会找一个更加清净的地方，比如大石围的老鹰嘴。

中国的火药最早用于军事上就应该是在北宋，在大石围中洞发现的“火药生产基地”时间大致上也可以追溯到宋代。这个时期也是火药用于军事的鼎盛时期，对于当时十分偏远的乐业县来说，这种技术无疑是一种高科技。由此推断，这些中洞里的生产者很可能也是一些外乡人。可以想象一下，这批神秘的外乡人来到大石围天坑神秘绝地提取芒硝，制作火药会是一种什么样的情景？特别是对于那个时期的当地人来说，这些能够喷出火的外乡人不是神仙又会是什么呢？

接下来的一个问题科考队始终没有能够得到圆满的答案，我们科考队通过单绳技术千辛万苦才到达中洞，过去这些人又是通过什么手段来到这里的呢？

除了他们是会飞檐走壁的人，似乎再无其他的可能。飞檐走壁只有在那些古代通俗小说里才能看到，不过那里面会飞檐走壁的侠客们只是在屋宇房脊上弄弄而已，和在乐业天坑的“飞崖走壁”完全不在一个层次。如果说能够在房梁墙

壁上翻腾自如的人，那么到了乐业也会一筹莫展。山太高了，崖太险了，洞太深了，林太密了。《三侠五义》里的展雄飞、白展堂、窜天鼠之类的可以“歇菜”了。

可摆在我们眼前的事实却毋庸置疑，这会在中洞辛勤劳作又能够在大石围绝壁上下翻飞的人是一种客观存在，“他不是一个人”，他们令我们后人仰慕敬畏。但是除了这些我们还是没有办法想象这伙“强人”是怎么来到中洞的。

我们的古人类就是从穴居逐渐走向今天的。长期生活在乐业这种环境里的人们，他们衣食住行都

离不开悬崖峭壁。在崖壁上行走，徒手攀岩，自然是生活所迫或者说是生活必备的技能。因为我们在乐业大石围天坑群的考察已经不仅仅是中洞这一处，可以说考察队所有能到达的地方，多多少少都发现了古人类曾经到此一游的痕迹。需要提及的是科考队在下到大石围天坑底部穿过那里的原始森林，到达最下面的那个溶洞口的时候有一条明显人工用石头砌起来的石坝，这又是一些什么样的人？

所有这些都在告诉我们一个事实，那就是生活在乐业天坑群的古人绝非等闲之辈，他们是一些比飞侠更有本领的攀岩高手。如果说攀岩是当今一种最时尚的户外运动，那么自古以来在乐业天坑陡峭的绝壁间行走的人们，就是攀岩运动的鼻祖。

在天坑群发现众多的古人类生活遗迹，可以视为这次考古中最重要的发现，它的意义不仅仅标志着乐业是一个人类文明的起源地，同时也说明最早的攀岩高手出自乐业。

最早的攀岩者当然是远古的人类，可以想见的是，他们为了躲

2010第三届百色乐业
国际山地户外运动挑战赛
BAISE OUTDOOR QUEST
05

THULE

避猎食者或是敌人，而在某个危急的时刻纵身一跃，从而成就了攀岩这项运动。而人类最早的攀登记录，是公元 1492 年法国国王查理三世命令去攀登一座名为“不可接近”的石灰岩塔，高度为 304 米，当时他们带着简单的钩子和梯子，凭着经验和技巧登顶成功。那次攀登成为历史上第一个有记录并使用装备的攀岩行动。

然而之后长达几百年的时间里，历史上一直没有再留下人类新的攀登记录。一直到了 17 世纪中期，人们攀登高山的活动才开始重新被记载下来。

攀岩是从登山运动中衍生出来的竞技运动项目。20 世纪 50 年代起源于苏联，是军队中作为一项军事训练项目而存在的。1974 年列入世界比赛项目。进入 80 年代，以难度攀登的现代竞技攀登比赛开始兴起并引起广泛的兴趣，1985 年在意大利举行了第一次难度攀登比赛。

攀岩作为一项正式的体育运动被确立的时间，说早了也就是 500 年，比起科考队在乐业的发现，即便是从南宋截止时期算来仍然

乐业洞天
LEYE CAVE
世界地质公园首选
乐业大石围天坑群

KAILAS

012

还比法国早了200多年。也就是说中国才是真正的攀岩故乡。乐业古代的攀岩高手们才是真正的攀岩运动之祖。

作为世界地质公园的乐业，是否可以再申请一个攀岩运动故乡的称号呢？事实似乎也在不断地强化着这种理念，目前乐业已开发了200多条户外自然岩壁攀岩线路，建成了亚洲最大的人工攀岩墙，获得了“中国山地户外运动基地”称号。

在广西、贵州、云南很多的山区都有一种很奇特的现象，就是放置在悬崖峭壁上的棺木，又称“悬棺”。这些棺木是如何放上去的？学者们一直争论不休。但是如果他们能够看到乐业天坑大石围中洞这所颇具规模的古代兵工厂，所谓悬棺之谜似乎又多了一个答案。能够在大石围百丈悬崖上行走自如的人们解决悬棺自然不会是多么犯难的事。

百色乐业市县领导考察国家登山步道

国内外专家联合科考百色乐业大石围天坑群研讨会

DEC 25
乐业
XMAS
神木和众多的天坑奇花异草
为我们构筑了一个只有在影片
《阿凡达》里才能看到的情景。
乐业大石围天坑群独特的地形地貌造就了独
特的生态环境。它的植物群落横跨了恐龙时
代直到今天十分罕见的奇异品种。

不是仙草
胜似仙草
EMS 25
乐业
XMAS

绿色的绽放

中外科考队曾在乐业天坑群深入黄猄洞，在那里的原始森林遭遇野猪的袭击，险象环生。

中外科考队曾在乐业天坑群深入黄猄洞，在那里的原始森林遭遇野猪的袭击，险象环生。

在神木天坑底部，科考队发现了大量远古时期的植被。天坑底部青苔遍布，灌木丛生，到处都是比国家一级保护植物桫椤还古老的短肠蕨类植物，稀有绿色兰花幽然绽放，带刺方竹属于国内首次发现。

神木和众多的天坑奇花异草为我们构筑了一个只有在影片《阿凡达》里才能看到的情景。乐业大石围天坑群独特的地形地貌造就了独特的生态环境。它的植物群落横跨了恐龙时代直到今天十分罕见的奇异品种。

似“阿凡达之乡”的神木天坑底部的奇异树

大石围天坑底部原始森林的植被让人眼花缭乱，光植物种类就多达上千种，大部分迥异于天坑外的植物，其中就有恐龙时代蕨类植物，还有美丽的七叶一枝花、小簇的岩黄连、细巧的七姊妹等 20 多种药材，中国科学院广西植物研究所的研究员刘演认为，天坑原始森林简直就是一个天然的药材库。

许多植物生长的形状很奇特，而用途却不容忽视,具有抗癌作用。有一种植物的树皮是用来抗癌的最好药材，在天坑外面都已经被人砍伐一空，只有在天坑底部保存完好,现在被列为国家一级保护植物。

植物的多样性和适宜的生态环境造就了乐业的植物天堂。

乐业县属亚热带季风气候，雨量充沛，冬无严寒，夏无酷暑，立体气候明显，森林覆盖率高，远离污染源，为茶叶优异天然品质的形成，创造了得天独厚的环境条件。随着消费者生活水平的提高，保健意识的增强，乐业县生态环境优势更加明显。平均海拔 1128 米的乐业县是绝佳的茶叶生长地带，这里产的茶叶香高持久，茶味醇厚，乐业在甘田镇龙云山连片开发 2 万亩有机茶基地，该山海拔高度就达 1350 米。全年雨量比较均匀，空气湿度 80%—90%，有机质含量高，空气清新，龙云山方圆 100 公里内无任何矿山、工厂，水土无污染，终

顾式茶园的有机茶

年云雾缭绕，是种植极品茶的天然场所。

一种采用现代化方式生产的顾氏有机茶已经成为乐业县享誉海内外的一张名片。

乐业县地处桂西北一隅，属云贵高原东南麓，傍依红水河与贵州省相望，南靠岑王老山与田林、凌云县接壤，东与河池地区的天峨、凤山县毗邻。全县占地面积2617平方公里，高度在海拔420—1982米之间，县城所在海拔为970米，属亚热带高山气候区，年降雨量1200—1400毫米，年平均气温为16.3℃，气候温润，土地总面积392.95万亩，土壤肥沃，森林覆盖率达74%，区域内无工业污染，水质、大气和声音环境均达国家的一级标准，土壤有机质含量高，动植物资源丰富，自然条件、生态环境是广西区境内难得的一片净土，十分适宜发展有机农业，开发有机食品。而且这里有很多天然有机食品，如茶叶、蕨菜、各种真菌、野生水果等，还有竹笋以及各种亚热带水果的资源优势。乐业县地处偏远，农业仍然以传统方式为主，多数农林产品生产多施用农家肥和有机肥，较少使用化肥、农药、除草剂等，田间农药、化肥残留少，良好的生态农田为发展有机农业打下良好的基础。

野生刺梨、薄壳核桃则是乐业县的名优特产；乐业还拥有较多亟待开发的药用植物、纤维原料植物和化工原料植物。

就在这“繁花似锦迷人眼”的美景之中，乐业建成了一条经罗妹洞，走熊家西洞，再穿越神木天坑底部最后到达大石围天坑，长达30公里的国家级登山健身步道。

健身步道是当今国际新兴的最流行的一项运动。行走在乐业健身步道上的人们有福了。

褐色的厚重

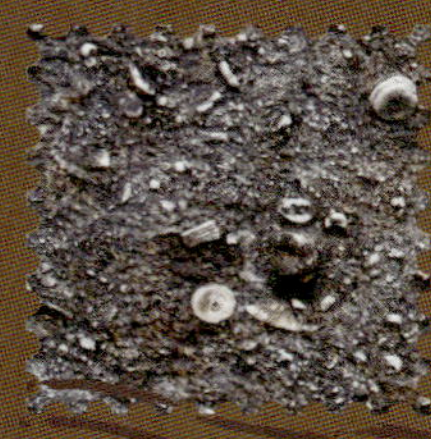

2001 年，中外联合科考探险队在乐业的一个不起眼的天坑发现了迄今为止，仍然是世界首例的两百万年前的熊猫头骨化石。

2001年，中外联合科考探险队在乐业的一个不起眼的天坑发现了迄今为止，仍然是世界首例的两百万年前的熊猫头骨化石。

新开辟的几条通向大石围天坑的道路沿山体一侧的岩壁上，随处可见亿万年前的古海洋生物化石；镶嵌在岩壁中螺旋状的化石就是我们最早的祖先，我们身体里主宰着生命的脊椎如今依然保持着这些祖先的形状！

只有在博物馆里隔着厚厚的玻璃才能看到的古生物化石，在乐业可谓“满山遍野”。

它向我们述说着一个亘古积累的史实。那就是乐业的山山水水，天坑地缝大都是石灰岩雕塑而成。而这些石灰岩又是亿万年生物的遗骸积淀。需要多少代鲜活的生命才铸就这层峦叠嶂，万仞天坑。

如今我们能够站在这里抚今追昔，不是最大的幸事吗？

对大石围天坑的考察最近有一个新的理论是，它的实际年龄并不是以往认定的6500万年，而只有两万年。这一具有颠覆性的说法，把一直与恐龙联系的天坑变成了和人类文明起源同一时期。也就是说，两万年前才形成的天坑里，居然生长着茂密的6500万年前的恐龙时代才有的原始植物。这不能不又是一个世界奇观。

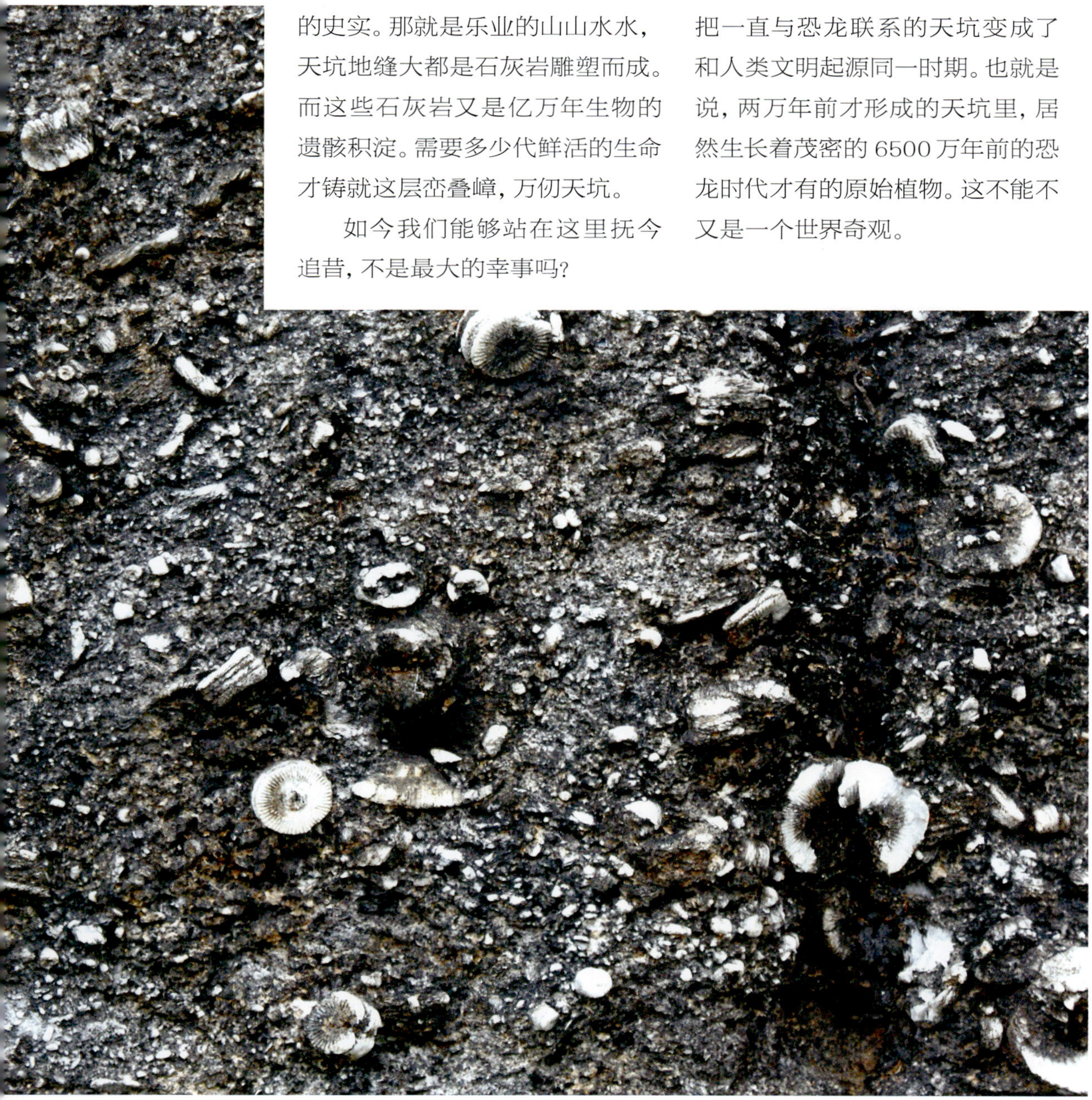

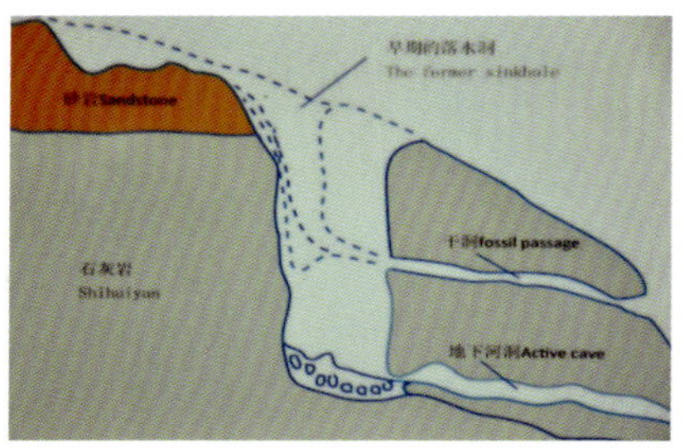

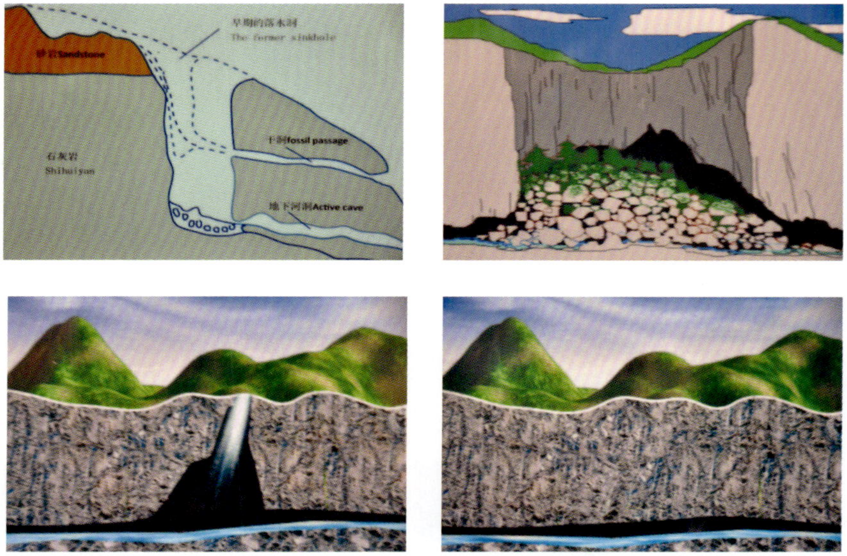

大石围天坑群暗河走势图

大石围天坑暗河下游出口

乳白的珍宝

乐业天坑群的奇观远不止这些。

乐业天坑群的奇观远不止这些。

2001年，我们科考探险队深入大槽天坑，发现了一个巨大的地下大厅。它可以容纳整个北京工人体育馆还绰绰有余，这个大厅世界排名第三，后被命名为“红玫瑰大厅”（2001年，中英联合科考探险时，来自英国牛津大学红玫瑰探险俱乐部的成员首先发现了这个大厅，根据国际惯例，就以发现者的名字来给大厅命名了）。

最为奇特的是在这个深入地下几百米，伸手不见五指的地方，我们居然看到了一处古人用过的灰堆，经初步测量，灰烬面积达一米多，显然经过长期使用，从钙化程度上看，距今大约有五六百年了。

对大石围天坑群的长期考察，使科考探险队有了一个共识，那就是乐业的山山水水无论把它推演到多么久远,也无论是把它拉近到多么现代，始终没有离开人类活动的视野。中原地区、长江流域的人们不远万里来到乐业，他们一直在寻找着自己幸福的家园。

也许真的是由于这里的地貌还属于一个生命旺盛的年轻的天坑群，它代表着大石围天坑和人类的文明起源几乎同步。于是无论它有多么偏远，无论它有多么艰险，只要仔细寻觅都会或多或少地发现人类蹒跚的脚步。

2010 年，中外联合科考探险队又一次来到大石围天坑群的溶洞，千奇百怪的钟乳石，在科考探险队员们的眼中，像是一部记录着大量外部世界发展的字典钟乳石的生长，记录着过去时代水温和降水量以及当时气候的反映，这些溶洞还告诉我们更多的信息。比如被包裹的微小花粉能传达植物早期世界的信息，对大石围天坑底部这些附着在钟乳石上的信息，科考队员可以了解到，远古时期许多植物如今仍然完好地生长在这里。由于溶洞处于相对封闭的环境,我们仿佛可以穿越时空，直接面对远古。

乐业洞天
LEYE CAVE
世界地质公园·百色
乐业大石围天坑群

名称
化学成分 CaCO3
比重 2.7
光泽 玻璃
晶系 六方
硬度 3

在这一次的考察中，科考队员也看到了近几十年工业发展对大自然的侵袭，在日益生长的石笋中，专家们发现了工业污染物的微粒，它在警示着人们保护环境刻不容缓。

乐业县县委县政府已作出决定，绝不建设和引进任何对大石围天坑群有污染的工业企业，要把乐业建成一个生态环境优美的新天地，一个名特优有机农产品生产基地和避暑、科考、探险、攀岩、休闲的户外旅游胜地，这将是乐业县在今后很长一段时期的发展方向。

乐业洞天
LEYE CAVE
世界地质公园百色
乐业大石围天坑群

看来，相对偏远和封闭的环境，不仅使远古时期的动植物得以保存，那些古代文明的痕迹由此也得以延续下来。

不是古代
胜似古代
EMS 25
乐业
LEYE

淡蓝的悠长

陶渊明在《桃花源记》中有这样一段描写：“缘溪行，忘路之远近。忽逢桃花林，夹岸数百步，中无杂树，芳草鲜美，落英缤纷。”

陶渊明在《桃花源记》中有这样一段描写："缘溪行，忘路之远近。忽逢桃花林，夹岸数百步，中无杂树，芳草鲜美，落英缤纷。"

"林尽水源，便得一山。山有小口，仿佛若有光。便舍船从口入。初极狭，才通人。复行数十步，豁然开朗。土地平旷，屋舍俨然，有良田、美池、桑竹之属。阡陌交通，鸡犬相闻。其中往来种作，男女衣者，悉如外人。黄发垂髫，并怡然自乐。"

科考探险队在考察期间，居然也发现了这样一处世外桃源，按照桃花源的笔法，可谓"我们沿着溪流进入一个幽暗的溶洞，走了没多久，曲径通幽，豁然开朗。溶洞的另一边竟是一个美丽的小村庄。白墙黑瓦，错落有致，桑竹之属，鸡犬相闻"。

中路

高山汉族纺线

乐业
洞天
LEYE CAVE
世界地质公园百色
乐业大石围天坑群

科考队员在这里碰上了一位90多岁的老人，耳不聋眼不花，就是背有点驼了。据她说是由于干重活累的。

村长招待科考队员在她家吃了一顿饭，基本上是素的。很多模样长得很奇怪的鸡鸭，在村口转悠。

据他们说，为了方便出入，他们在山的那边准备开辟一条小路，到那时，就不用走我们来时的水路了。

2001年，我们科考队在考察中，曾采访过一处一直被考古专家誉为是我国造纸行业中的活化石。

据这里的老人们说：他们祖籍湖北恩施县，祖先因战乱逃来此地定居，现已在此生存了十一代人，造纸术是当时祖先从湖北带

来，代代相传。

东汉元兴元年（105）蔡伦改进了造纸术。他用树皮、麻头及敝布、渔网等植物原料，经过挫、捣、抄、烘等工艺制造的纸，是现代纸的渊源。自从造纸术发明之后，逐步在中国大地传播开来，以后又传播到世界各地。

远古以来，中国人就已经懂得养蚕、缫丝。秦汉之际以次茧作丝绵的手工业十分普及。这种处理次茧的方法称为漂絮法，操作时的基本要点包括，反复捶打，以捣碎蚕衣。这一技术后来发展成为造纸中的打浆。此外，中国古代常用石灰水或草木灰水为丝麻脱胶，这种技术也给造纸中为植物纤维脱胶以启示。纸张就是借助这些技术发展起来的。从迄今为止的考古发现来看，造纸术的发明不会晚于西汉初年。

作为中国的四大发明之一，造纸术一直都是以文字记载的方式见诸于世，作为现代人，很少再能够看到那种古朴而原始的制作方法。在乐业天坑群的附近，科考队终于看到了活生生的古法造纸术。

乐业
LEYE CAVE
洞天
世界地质公园百色
乐业大石围天坑群

造纸的主要原料是竹子，当地出产的白竹、麻竹、粱山竹、楠竹都可作造纸原料。辅助材料是石灰、水杉根皮（也可用蓝靛叶代替）和水。造纸的工艺流程极为繁杂。

线装書

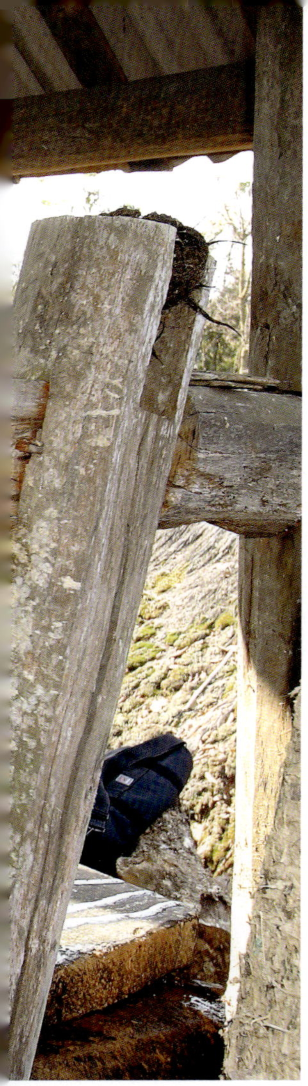

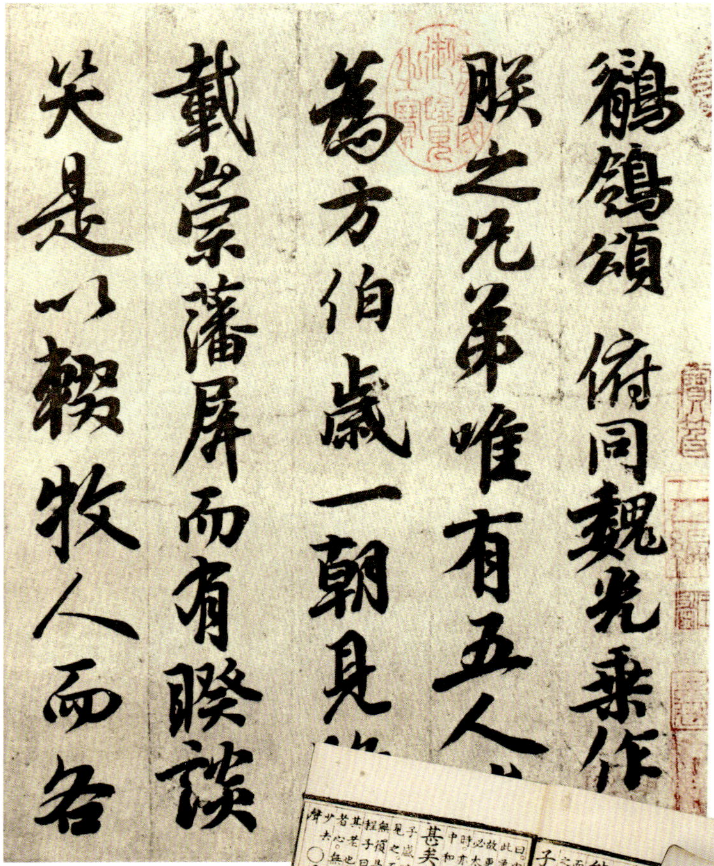
鶺鴒頌 俯同魏光乘作
朕之兄弟唯有五人比
爲方伯歲一朝見雖
載崇藩屏而有睽談
笑是以輟牧人而各

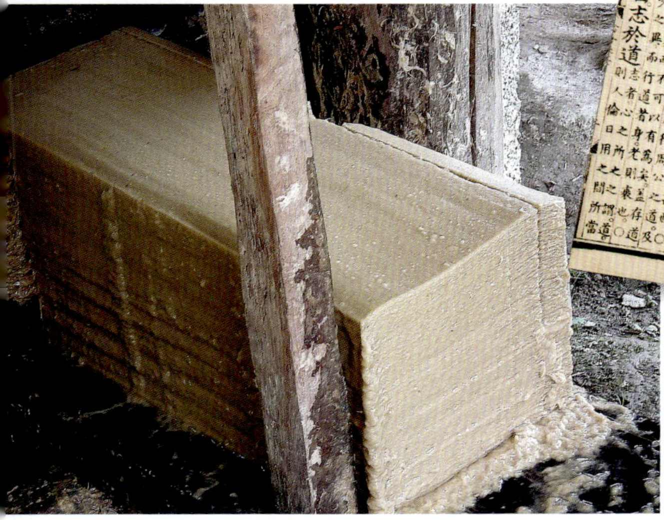

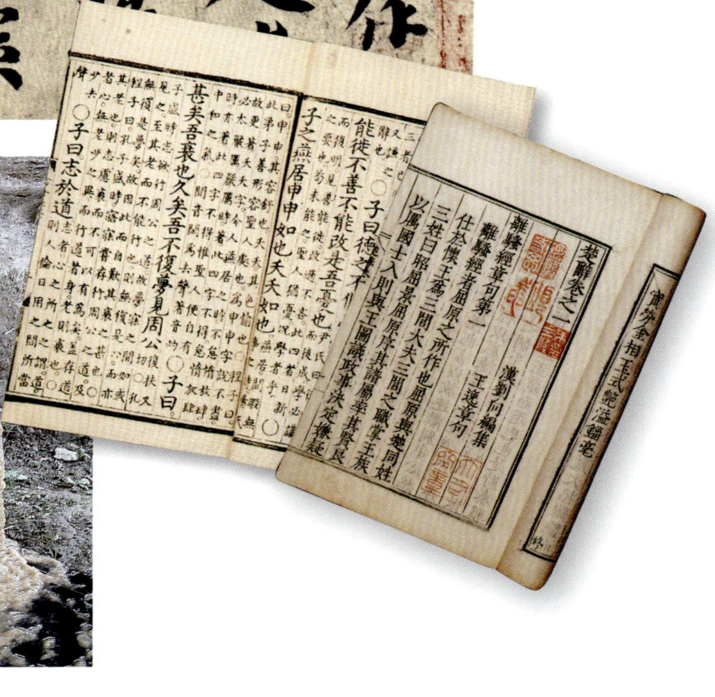
楚辭卷之一
離騷經章句第一
漢劉向編集
王逸章句

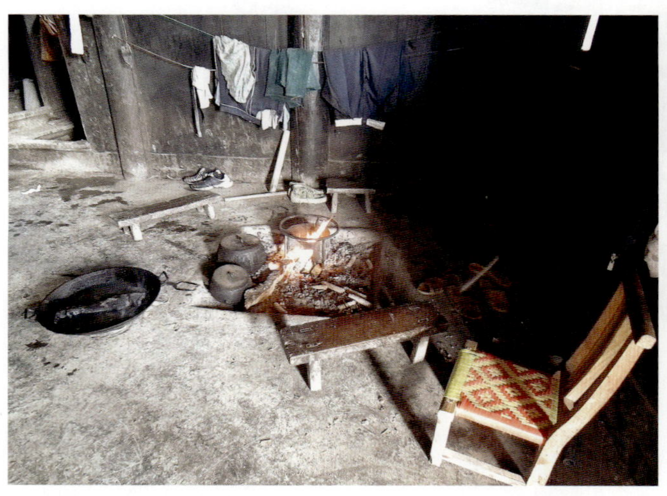

古法造纸由于没有使用化工原料，生产过程既不污染土壤和空气、也不污染江河环境，乐业县用古法制作的纸张当地称之为“火纸”，据说是用于红白喜事的。可就是这种纸在一些书法大家的面前，却将它视为珍宝，用这种纸制作的书法册籍价值连城。

在中国古老造纸术中，目前仍然保存原始手工技艺制作纸张的

地方已经寥寥无几。这种流传了二千八百年的造纸技术，仍然能够流传到今天，不能不说是一个奇迹。

乐业天坑群的地形地貌、山间古老的茅草农屋，让中外科考队感到很像一个曾经去过的地方。在一次去天坑考察的路上，一位专家指着天坑旁边的茅草屋说："你们看，这些房屋是不是有点像日本的建筑？”他的话引起了大家的兴趣，一路直上，乐业天坑群旁边的老房子不断出现，大家越看越像。年轻一点的会把这些房子和日本动画片《聪明的一休》里面的建筑作比较，而那些经常出外考察的专家们干脆停下脚步对这些老房子进行实地丈量和考察。这些老房子大多有上百年的历史，但在乐业县已经逐渐被拆除，当地的农民希望住进和城里人一样的钢筋水泥的建筑里。

这些老房子基本上是实木结构，它里面的构造和在日本也已经日渐稀少的老房子的确有很多相似之处。房屋的功用也和日本的那些房子很相似，有专家提出这种房屋结构究竟是从日本传来，还是由这里传到日本去的？这实在又是一个饶有趣味的课题。

看来，相对偏远和封闭的环境，不仅使远古时期的动植物得以保存，那些古代文明的痕迹由此也得以延续下来。

日本房屋

乐业房屋

乐业传统木房

EMS 25
乐业
LEYE

在大石围天坑周边负氧离子每立方厘米的含量可达10000多。大石围天坑底部的原始森林，负氧离子每立方厘米高达10万多个。如此高密度的负氧离子对于那些长期在城市或者污染环境里生活的人来说，到乐业很可能会产生醉氧的感觉。

不是仙境
胜似仙境
EMS 25
乐业
LEYE

五彩缤纷
安居乐业

布柳河全长 132 公里，又被称作布柳河大峡谷，是大石围天坑群的一个组成部分。密布在天坑群地下的暗河，到这里汇聚成了一条舒缓的地上河。

2010年，中外联合科考探险队的专家带来了大批环境监测设备。精确地检测告诉我们几个非常有趣的数据：乐业大石围天坑周边的空气质量“一级优”。专家说所谓的“一级优”就是比一级的空气质量还要好，目前还没有关于“一级优”的公共标准。一般城市空气质量达标也就是二级。在天气预报中，很多城市把所谓的空气质量达到二级一共有多少

天当做环境质量明显改善的好消息，这对于广西乐业来说，根本就不算是一回事。

一般城市室内的负氧离子每立方厘米只有100多个，在冬天，门窗紧闭的时候，室内负氧离子每立方厘米也就是四五十个，难怪有人要生病，现在流行的“宅男宅女”看来身体都不会好到哪去。

环境专家对大石围天坑群底的负氧离子测试

大石围东峰观景台

据有关资料显示，负氧离子在达到每立方厘米1000个以上，就有一定的治疗作用。现在很多公司生产的负氧离子发生器打的都是这块牌子，但是用工业手段产生的负氧离子对人的身体是好是坏，至今还很难下定论，在乐业就完全不同了。

在大石围天坑周边负氧离子每立方厘米的含量可达10000多。大石围天坑底部的原始森林，负氧离子每立方厘米高达10万多个。如此高密度的负氧离子对于那些长期在城市或者污染环境里生活的人来说，到乐业很可能会产生醉氧的感觉。

仙人桥

乐业洞天
LEYE CAVE
世界地质公园百色
乐业大石围天坑群

世界上很多使人长寿的地方，都与负氧离子的含量有关。例如湖南张家界，那里的森林覆盖率高达68%。据检测，张家界景区空气中每立方厘米负氧离子含量是一般城市的几十倍，甚至几百倍。

广西的巴马人长寿的主要原因也是水和空气质量上乘，加上长寿老人大多长期食用无污染的天然生态食品，素多荤少。

大石围天坑群

广西的乐业县，平均海拔1200米以上，属于巴马长寿带。乐业的水源是地道的矿泉，富含多种微量元素，特别是钙质丰富，这对于年老体弱的人来说非常必要。目前很多的矿泉水品牌都把自己的水打上“弱碱性”和“小分子”之类的概念，有了这两个概念，一瓶水可以卖到八、九元甚至更多。殊不知，生活在乐业天坑群周边的人们每天饮用的就是这种质量的水源。乐业的时尚旅游和户外运动，加上有机农业的发展，为广西乐业大石围天坑群深深地打上了健康长寿的烙印。乐业90岁以上的有186人，100岁以上的有10人。

乐业的天坑群雄伟而神秘，天坑群下的暗河更是至今还没有探明的秘密。据说，乐业之所以能够拥有世界第一众多的天坑群，就是和天坑群下面的暗河有着极大的关系。暗河水网越密集水流越大，形成的天坑也就越多姿多彩。乐业天坑下面的暗河据初步勘测，其总和长度甚至超过长江。它就像乐业县涌动的血管，为这片纯净而美丽的土地带来澎湃的活力。

五彩缤纷 安居乐业

布柳河全长132公里，又被称作布柳河大峡谷，是大石围天坑群的一个组成部分。密布在天坑群地下的暗河，到这里汇聚成了一条舒缓的地上河。

2001年，我们科考探险队来到布柳河，这里的风光水色令人陶醉，我们几

布柳河

乎忘记到这里来是干什么了。

2010年，我们带着全套的潜水工具，对大石围天坑地下暗河开始首次科考探险，这次洞潜的考察初步探明了地下暗河与地上天坑之间的相互关系。潜水队员们曾经深潜到暗河二三十米的位置，发现了许多盲鱼，这些小鱼紧紧地跟随着潜水队员，不离不弃。当潜水队员浮上水面的时候发现置身于一个几十平米的气室中，这些气室就像一个个倒扣在水面的大碗，四壁光滑。据专家推测，

这些气室就像是宇宙中的原始星辰，它们在水流的作用下逐渐被侵蚀、崩塌，直到有一天形成新的天坑。

对于暗河水系的调查，离不开它的地上部分——布柳河。这次考察我们又发现了一处袖珍热带雨林。

大多数热带雨林都位于北纬23.5度和南纬23.5度之间（即南回归线和北回归线之间的非洲地区）。在热带雨林中，通常有三到五层的植被，上面还有高达150英尺到180英尺的树木像帐篷一样覆盖着。下面几层植被的密度取决于阳光穿透上层树木的程度。照射进来的阳光越多，密度就越大。热带雨林主要分布在南美、亚洲和非洲的丛林地区，如亚马逊平原和云南的西双版纳。每月平均温度在摄氏18度以上，而在广西乐业布柳河发现的袖珍雨林，其纬度已经超过了真正热带的界限。

它只有10平方公里左右，但是其中的植被却都是典型的热带雨林物种，也许是天坑群独特的地理位置造就了独特的热带小气候环境。

蜿蜒曲折的布柳河峡谷，山

围绕着水，水倒映着山，河水清澈碧绿，时而平静如画，时而如脱缰野马，咆哮的水流穿过浅滩怪石之间。富有经验的竹排工有时也无法驾驭，只好扛着竹排绕道而行。河边怪石林立，树木丛生。河谷两岸高山耸立、峭壁耸峙，山间云雾缭绕。经过两个多小时的漂流，一座由大山塌陷形成的天然石拱桥横卧河上，此时游排已漂流到与广西河池地区凤山县交界处的河池市天峨县，这座天然大石拱桥弧形悬架于水面大厅之上，有仙人桥之美称，罕见的天然石拱桥，被专家称为世界上最大的天然石桥。

在布柳河两岸，保存着数量众多的植被，这无疑为我们保存了一个原始生态的基因库。

乐业的地形地貌，上接百丈嵯峨之天坑，下探千尺回转之暗河。可谓至阳至阴，阴阳交错，融会贯通，否极泰来。这种地理位置可以说是古代仙人墨客理想的陶冶修行之邦，按现在的说法就是理想的养生健康之地。它就像一株含苞的奇葩，蓄势绽放。

2010年，乐业县与十年以前相比发生了巨大的变化。过去的县城简陋而又显得有些贫寒，而如今，街道整洁，楼宇明朗。县城入口处规模宏大，色彩鲜艳的攀岩墙使得这座古老的县城焕发出现代化的气息。

夜晚乐业县城大街

有人说，乐业，乐业，安居乐业！这不但是一块升迁转运的福地，也还是快乐、健康的福地。乐业壮族的山歌唱道："哥要安居来乐业，妹在乐业把居安。有缘千里来相会，情柔似水寿比山。"

花

雪

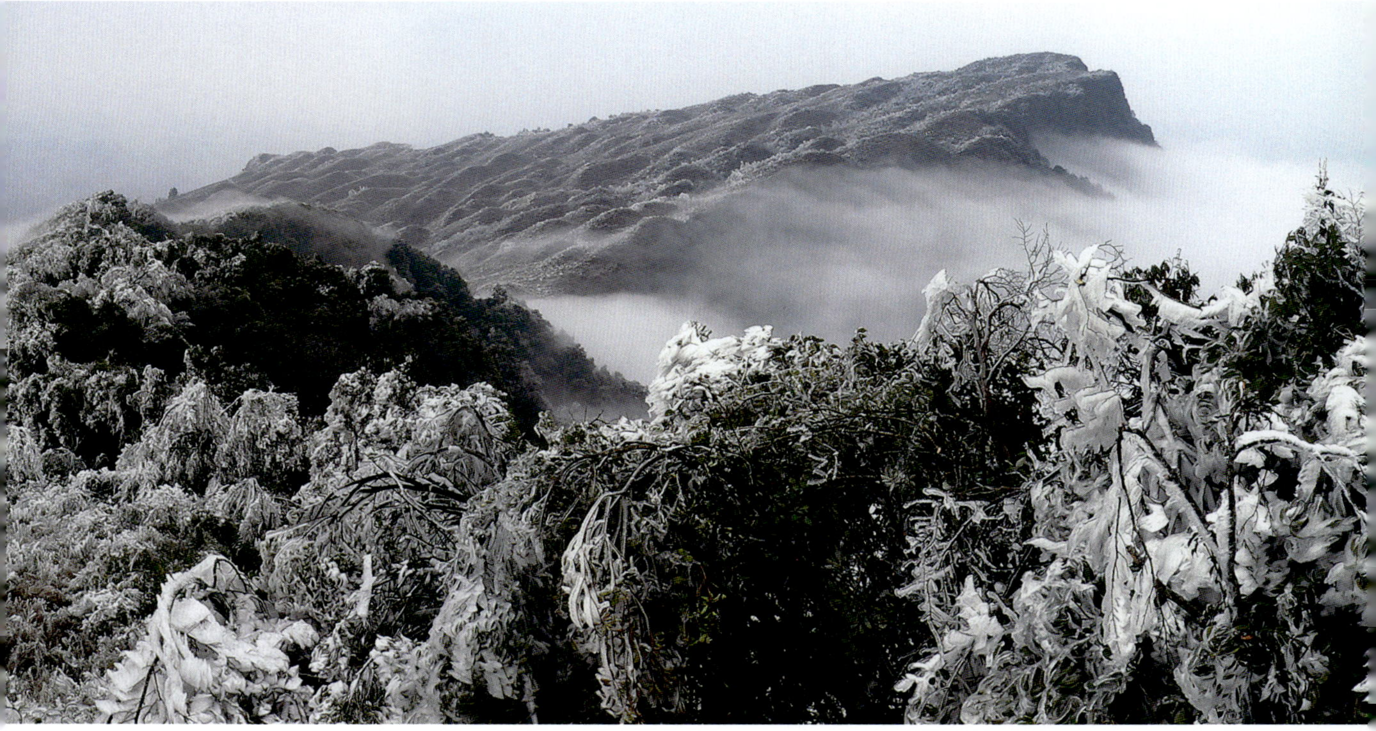

智者樂水

壬午六月書於北京

仁者樂山

仁者樂山 智者樂水

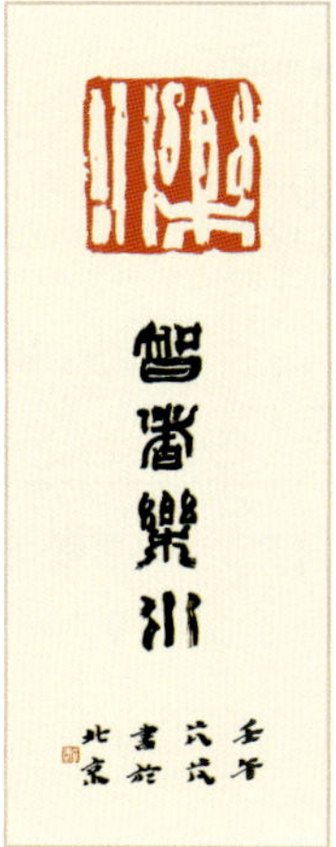

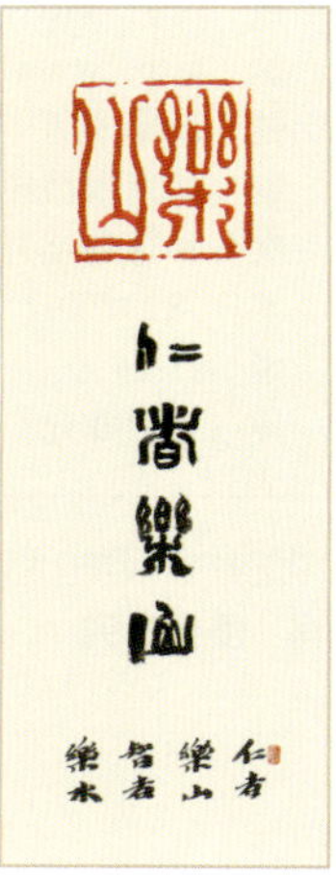

图书在版编目(CIP)数据

乐业洞天:世界地质公园百色乐业大石围天坑群/骆汉城主编.
—北京:中国社会科学出版社,2011.2
ISBN 978-7-5004-9546-8

Ⅰ.①乐… Ⅱ.①骆… Ⅲ.①岩溶地貌—简介—乐业县
Ⅳ.①P642.252.267.4

中国版本图书馆CIP数据核字(2011)第023872号

责任编辑 晓 颐 王 磊
责任校对 李小冰
装帧设计 大盟文化艺术有限公司
技术编辑 木 子

出版发行 中国社会科学出版社
社 址 北京鼓楼西大街甲158号 邮 编 100720
电 话 010—84029450(邮购)
网 址 http://www.csspw.cn
经 销 新华书店
印 刷 北京雅昌彩色印刷有限公司
版 次 2011年2月第1版 印 次 2011年2月第1次印刷
开 本 787×1092 1/16
印 张 15.25 插 页 4
定 价 350.00元